PREFACE AV
LECTEVR.

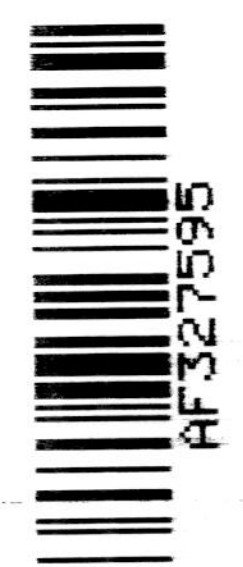

'ABORD dés le commence-
ment de l'Appendix que
i'ay adjoûté aux cinq Parties de mes Fourneaux
Philosophiques, on peut
voir le sujet qui m'y a
obligé. Il seroit superflu de le repeter
icy. Outre cela mon but a esté de mon-
trer au monde combien de secrets im-
portans Dieu auoit reseruez à ce siecle
pour l'entretien de nostre vie, ne faisant point de difficulté que les plus opi-
niastres & les plus ingrats n'en ayent
quelque reconnoissance : mais il est ar-
riué au contraire, que la pluspart se sont
moquez de mon Appendix à leur accoustumée, & ont dit qu'elle contenoit
des choses tout à fait impossibles & faus-
ses : jusques à tenir ce discours. C'est
merueille que Glauber ne nous enseigne

à faire du pain des pierres, veu qu'il a enseigné à faire du vin de l'eau, afin qne les Laboureurs fussent desormais exēpts de peine. Voila les sottes railleries de ces impertinens qui ont bonne opinion d'eux-mesmes, & qui ne sont que des idiots orgueilleux, dont l'ignorance m'étonne autant que mes escrits les ont étonnez. Et ie voy bien à present pourquoy beaucoup de personnes ausquelles Dieu auoit donné vne tres-singuliere connoissance des choses naturelles, se sont tenus dans le silence, & n'ont rien laissé à la Posterité. Mais il n'importe, il est impossible de plaire à tout le monde; cela a tousiours esté, & sera de mesme. Toutefois on ne doit pas trouuer étrange qu'vn homme soit fasché de ne receuoir que de l'ingratitude & de la moquerie pour la recompense de ses trauaux, & d'entendre des gens malins qui disent: Si Glauber a connoissance de tant de choses dont il a fait mention dans son Appendix, pourquoy ne se fait il pas riche le premier? Ces paroles ne sont donc que des resveries. Voila vn beau iugement pareil à celuy d'vn aueugle touchant les couleurs: Ie ne suis pas obligé de rendre raison à per-

ANNOTATIONS

SVR L'APPENDIX

DE LA CINQVIESME PARTIE

DES FOVRNEAVX

PHILOSOPHIQVES,

Où il est traitté de plusieurs Secrets
inconnus, & vtiles.

Mises en lumiere, en faueur des incredules &
ignorans, par IEAN RVDOLPHE GLAVBER.

Et traduites en François par le S^r Dv Teil.

A PARIS,

Chez THOMAS IOLLY, Libraire Iuré, ruë
S. Iacques, au coin de la ruë de la Parcheminerie,
aux Armes d'Hollande.

M. DC. LIX.

AVEC PRIVILEGE DV ROY.

sonne. Toutefois ie leur veux dire, que pour chercher sa vie dans les metaux, il faut estre dans les lieux où ils se trouuent. Que si i'ay passé quelques années icy dans l'incommodité, ç'a esté que i'ay mieux aimé viure en paix, & auoir moins de bien, que d'en posseder beaucoup dans les apprehensions de la guerre. I'ay toutefois resolu, soit que la Paix se fasse ou non en Allemagne, de m'en aller habiter en des lieux où ie puisse manier le charbon & les mines; cela estant, que ces moqueurs s'informent si ie vis dans l'oisiueté: mais non pas en ce lieu, où ie n'ay pû faire aucun essay pour m'enrichir; car i'ay eu assez de peine icy, où toutes choses sont extrémement cheres, de subsister honnestement, & de rechercher les secrets de la Nature pour ton profit, & de faire des épreuues en petite quantité. Et voila la raison de l'explication de l'Appendix, où ie n'ay pas pretendu donner vne connoissance generale, mais vne demonstration de la verité, afin que les incredules & les ignorans ne prennent pas pour des bagatelles des secrets tres-importans, dont i'ose bien auec verité dire que ie suis l'inuenteur. C'est pourquoy ie parcourray briefuement toutes les matieres depuis le commencement iusques à la fin pour la refutation des Zoiles.

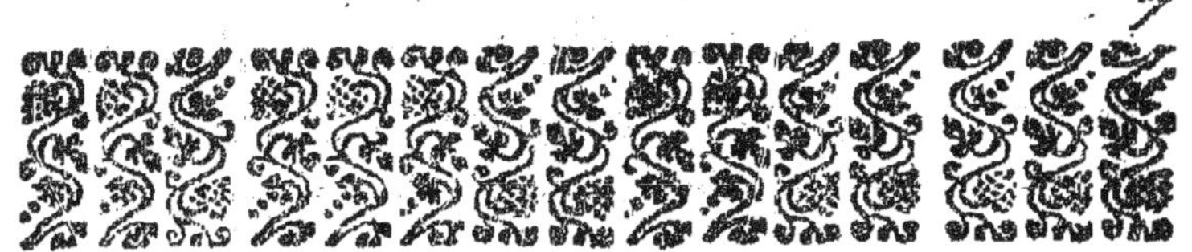

ANNOTATIONS
SVR L'APPENDIX
de la cinquiéme Partie des
Fourneaux Philosophiques.

Paragraphe Premier.

*A preparation des Bleds, Froment,*
Orge, Auoine, &c. Des Poires, des
Pommes, Cerises, & autres fruits,
se doit faire par vne certaine fermen-
tation, &c.

Cette inuention a paru fort estrange, veu
qu'aucun encore n'en auoit fait mention. Quelques-vns ayant connoissance de l'art distila-
toire vulgaire, pensoient que la chose à distiler
estant mise dans la vessie, & doüée d'vn esprit
ardent, donnoit dans le feu tout ce qu'elle auoit,
sans que rien demeurat dans le reste. Cela doit
estre pardonné à leur ignorance, ne trauaillant
que par coustume, sans considerer qu'il y a vne
meilleure voye pour distiler les esprits, & en
auoir plus grande quantité que par la voye vulgaire; ou du moins que l'esprit estant extrait de

A iiij

la matiere reſtante, il ſe fait quelque choſe d'é-
quiualent à la matiere diſtilée, tellement que par
cette maniere l'eſprit ardent ne couſte preſque
rien : ce qui ſe fait de la ſorte. On ne peut pas
nier que tous les vegetaux, comme les bleds &
les fruits, voire l'herbe meſme, eſtans preparez
& fermentez, ne donnent vn eſprit ardent plus
ou moins en quantité & qualité, eu égard à la
maturité & immaturité, à la graiſſe, & à l'ari-
dité ; car les eſpeces les plus graſſes, & les plus
douces, donnent plus d'eſprits, que celles qui
ſont immeures, aigres, & ſeiches ; & plus les
ſujets ſont ſecs & moins murs, moins donnent-
ils d'eſprits, & meſme ne les donnent-ils qu'a-
pres la fermentation, reduiſant la graiſſe & la
douceur à donner dans la diſtilation leur eſprit
ardent, qu'ils ne peuuent pas donner ſans fermentation. Il s'enſuit donc neceſſairement que
la fermentation eſt cette cauſe vnique de l'eſprit
ardent, & par conſequent le ſeul medium par
lequel on peut auoir abondance d'eſprits, ſçauoir, ſi les eſpeces ſont deuëment fermentées.
Mais la vulgaire fermentation n'eſtant pas ſuffiſante pour la totale éleuation de l'eſprit ardent, il arriue que la meilleure part demeure
dans la veſſie, dequoy on ne s'eſt ſeruy iuſqu'à
preſent que pour engraiſſer les pourceaux, à
cauſe de l'ignorance, ce qui eſt mal fait ; car la
matiere qui a reſté deuoit eſtre priuée de ſa
graiſſe, ſoit par la diſtilation de beaucoup d'eſprits, ſoit par la confection de la biere ou du
vinaigre, auant que d'en ietter le reſte aux pourceaux, dont il arriue double profit à l'ouurier.

En outre il faut prendre garde de ne fe pas feruir
d'vne chaudiere commune, dans laquelle les
fruits peuuent contracter vn empyreume, c'eft
à dire vne odeur & faueur defagreables, mais
d'vn autre certain inftrument, lequel empefche
l'aduftion de la matiere qui doit eftre diftilée,
quelque épaiffe qu'elle puiffe eftre ; & par ce
moyen on tire vn efprit tres-fuaue & tres-abon-
dant, par le moyen de la fecrette fermentation.
C'eft par ces deux chofes que vous voyez que
les efprits font & plus agreables & plus abon-
dans, à fçauoir par vn certain vaiffeau, & par
vne certaine fermentation.

Paragraphe 2.

*L*A façon d'vn *Vin* qui n'eft pas diffemblable à
celuy de *Rhin*, de *France*, ou d'*Efpagne*, dura-
ble l'efpace de plufieurs années, fait de Bleds & de
fruits.

En ce Paragraphe les chofes s'y font tout autrement qu'au precedent : car au precedent il
eft demonftré comme font tirez des efprits meilleurs, & en plus grande quantité des bleds & des
fruits, que par la voye vulgaire ; mais en celuy-
cy il eft declaré comment il s'en fait de la boiffon
femblable au vin naturel de Rhin, de France, ou
d'Efpagne, feruant aux mefmes vfages, en forte
qu'il ne s'y remarque aucune diference. Ce qui
eft vne inuention excellente & tres-vtile, d'autant que le vin clair eft iuftement preferé à de la
biere trouble. Mais tu me diras que cette boiffon n'eft pas du vin, quoy qu'elle luy reffemble

en couleur & saueur, veu qu'elle n'est pas faite
de raisins, & qu'estant faite de bled, c'est plustost
de la biere claire de bon goust. A quoy ie répons, que ie ne suis pas le premier qui ay donné
le nom de vin aux boissons qui ressemblent au
vin en couleur, odeur, & saueur : car ce suc tiré
des pommes & des poires, est communément
appellé moust, ou vin de pommes ou de poires ;
& non sans raison, veu que les choses ayant les
mesmes qualitez & proprietez, doiuent auoir
le mesme nom. Cet esprit ardent qui est tiré des
bleds, n'est-il pas appellé vin de bled par toute
la terre ? & s'il estoit parfaitement bien fait, il
seroit entierement semblable à l'esprit de vin ;
& que personne n'a encore executé que moy :
C'est pourquoy il ne faut croire la chose impossible, mais l'examiner plus exactement, & s'en-
querir à ceux qui ont la connoissance de ce secret. Vn homme qui dans les païs froids, où il
ne croist point de vin, pourroit faire vne boisson
claire, salubre, sapide, & durable comme du vin,
ne feroit-il pas vne chose agreable à tout le
monde ? Certes quand on prefereroit la biere
trouble comme vne boisson accoustumée, celle-
cy seroit tousiours plus agreable aux vieillards
& aux personnes debiles : joint que de cette sorte
de vin il se fait du vinaigre meilleur que celuy
qui se fait de la biere. Tu me diras que veritable-
ment ces breuuages faits de pommes & de poires
sont tres-communs, & qu'ils ne valent pas le
vin, n'estant pas de durée au dela de six mois ou
vn an, & que le vinaigre qui s'en fait n'est pas de
durée aussi, qu'il rougit, se moisit, & deuient

gras. A quoy ie répons, que si on sçait bien la composition du vin qui se fait auec les fruits des arbres, on en peut faire qui soit comparable à celuy qui se fait auec les raisins ; tel qu'est celuy que ie bois à mon ordinaire, lequel a souuent esté pris par ceux qui en ont beu, pour du vin de Rhin, meilleur que le vin François souphré & sophistiqué. Tellement que l'inuention est tres-vtile non seulement aux païs qui n'ont pas de vin, mais en ceux qui en abondent ; car en toutes les regions, mesme les plus froides, il y a du bled & des fruits d'arbres, dont on peut faire du vin qui seruira au lieu du vin de raisins qui couste beaucoup, estant apporté de fort loin, ou fait auec plus de dépense, veu que les vignes coustent plus que les autres arbres, qui donnent leur fruit sans beaucoup de soin ; les raisins au contraire ne croissent point sans vne grande culture, & vne chaleur conuenable du Soleil. I'ay esté éleué dans la Franconie, region tres-fertile en vin, où la plusspart des Vignerons ne boiuent que de l'eau, & vendent le vin pour acheter les choses necessaires ; d'autant que les vignes requierent vne tres-grande diligence durant tout l'Esté, lequel estant chaud, le vin en est meilleur, & par consequent plus cher : on l'emporte dans les païs qui ne recueillent pas de vin, & les Vignerons ne s'en reseruent que fort peu pour se réjoüir quelquefois. Que s'il arriue que la gelée du mois de May, ou la trop grande chaleur de Iuin, ou que la gresle, & autres accidens, leur ostent leur espe-rance, ils sont contraints de vendre vn morceau de vigne pour auoir dequoy cultiuer l'autre, & se subſtanter, ou emprunter de l'argent à gros intereſt. Or noſtre inuention eſt bien propre en cette occaſion, & meſme dans les lieux qui abondent en vin: ce que ie prouue de la ſorte. La pluſpart de ces lieux n'ont point de biere, c'eſt pourquoy les riches boiuent le vin, & les pauures l'eau, ou vn meſchant breuuage fait d'eau & de raiſins preſſez. Que s'ils auoient l'induſtrie de faire vne boiſſon des pommes & des poires qui ſont en abondance & à tres-bon marché, ils s'en pourroient ſubſtanter tout le long de l'année, & vendre leur vin pour auoir leurs neceſſitez. Peut-eſtre tu me demanderas, s'il n'y a point de bled pour faire de la biere. Ie te réponds, qu'il y en a quantité; mais que les habitans aiment mieux boire de l'eau claire, que de la biere, qui eſt trouble comme piſſat de cheuaux; & certes ils ont raiſon, ſelon le prouerbe d'Allemagne: Mange choſes cuites, boy des choſes claires & nettes, & dis la verité, ſi tu veux bien viure.

Paragraphe 3.

LA façon de faire à peu de frais, & des choſes les plus viles, vn eſprit ardent ſemblable à celuy de Rhin & de France.

Ce Paragraphe n'a pas beſoin d'autre explication que de ce qui a eſté dit cy-deuant.

Paragraphe 4.

LA façon de faire vn ſucre ſemblable à celuy des Indes Occidentales, & vn Tartre ſemblable à celuy de Rhin.

Celuy qui considerera la nature & les proprietez du miel, verra aisément la possibilité de cecy;
car il y a vne grande affinité entre le sucre & le
miel, comme il se voit par la separation des prin-
cipes de l'vn & de l'autre, dequoy nous ne vou-
lons pas traitter maintenant, mais seulement enseigner la possibilité. Le sucre est vn certain suc
doux qui se trouue dans vne canne ou roseau,
comme vne moüelle : estant meury par la chaleur du Soleil, on le coupe, on le brise auec la
meule, & on l'estraint, ayant vne couleur brune
semblable à celle du miel, on le purifie & cla-
rifie, puis on le porte en Europe. Ainsi le miel est
vn suc doux vegetable, attiré par les Abeïlles des
fleurs des arbres & autres vegetaux qui naissent
dans les prairies & dans les champs, & qu'elles
amassent auec grand soin pour se substanter : il
ressemble presque au sucre crud & grossier qui
n'est pas encore preparé, & mesme est plus crud
& plus impur. La chose estant donc ainsi, pourquoy le miel ne peut-il pas estre si bien purgé par
le moyen de l'art, qu'il en deuint semblable au
sucre ? Dans les boutiques des Apoticaires, ne
se sert-on pas souuent de miel au lieu de sucre,
& de sucre au lieu de miel, à sçauoir dans la preparation des syrops, & des conserues ? C'est qu'il
n'y a point d'autre diference entr'eux, sinon que
le sucre est naturellement plus pur & plus agreable au goust, que le miel, auquel ostant son mau-
uais goust, on le peut rendre égal au sucre. Et
sans doute vn jour, auec le secours de mes Liures,
le monde aura l'inuention de faire du sucre de
miel, afin d'épargner tant de dépense.

Quant à faire le tartre du miel, il ne faut pas douter de sa possibilité, non plus que de faire le sucre aussi du miel : ce qui est encore plus vray semblable, d'autant que l'vn & l'autre sont doux, sçauoir le sucre & le miel, mais non le tartre qui est dur & aride : c'est pourquoy i'en demonstreray la possibilité par certains exemples, commençant par celuy du moust qui est doux auant sa fermentation : par la cuisson il est épaissy, & deuient semblable en saueur au sucre & au miel. Estant gardé dans des vaisseaux de terre ou de verre bien nets, il donne par succession de temps vn sel propre essentiel, s'attachant au bord de la grandeur des œufs en guise du sucre candy rouge; les feces restant auec le residu du sucre, lequel n'a pû produire des cristaux à cause de la trop grande limosité, ne cedant en rien en douceur au sucre des Indes qui est né dans les cannes, & cette douceur estant alterée par la fermentation, se conuertit en tartre aride. Par cet exemple nous pouuons mieux considerer la possibilité de l'art, veu que le sucre se fait du moust en luy ostant sa limosité & aquosité superfluës. Cela mesme se voit dans les raisins cuits au Soleil, dans lesquels, si on les laisse l'espace d'vne année, on trouue du sucre en grain semblable à celuy qui vient dans le moust épaissy : c'est pourquoy dans les païs fertiles en vin, les bons ménagers ont accoustumé d'épaissir le moust iusqu'à consistance de miel, duquel ils se seruent le long de l'année dans leur boire & dans leur manger. Cela se fait aussi auec des cerises & poires douces, estant pilées, exprimées, & épaissies en miel, lesquelles dans l'espace de quelques années donnent vn sucre comme le moust ; la partie la plus pure penetre souuent les pores des vaisseaux de terre debiles, c'est le sel essentiel attaché au vaisseau de terre, congelé & cristallisé, tres-beau, & tres-blanc, comme du sucre tres-pur, les feces restans dans le fond. On voit donc par là que tout vegetable doux donne vn sel doux comme sucre, & que cétte douceur se change en tartre : comment peux-tu donc douter du miel qui est plus pur que ces sucs exprimez ? Diras-tu que le changement du miel en sucre est vray-semblable, d'autant qu'il en arriue le mesme aux autres sucs qui res-semblent au sucre en douceur, lors qu'ils ont esté exprimez ; mais qu'il n'y a pas d'apparence qu'il se change en tartre, d'autant que le tartre est vn sel aride, & le sucre vn sel doux : donc ils ne peu-uent venir d'vne mesme racine ? Ie réponds, que l'incredulité prouient de la stupidité du cerueau : que s'il auoit assez de pores comme les pots de terre dont les femmes se seruent pour conuertir le moust en sucre, la creance de la possibilité y trouueroit entrée, & les ignorans ne contredi-roient pas à la verité.

Maintenant ie diray comment le tartre qui est aride, se fait des choses douces, non pas en faueur des orgueilleux qui n'estiment rien qu'eux-mes-mes, mais en faueur de ceux qui n'ont point honte d'apprendre. Considere le sel doux qui prouient du moust par le moyen de la condensa-tion, éuaporant l'aquosité, laquelle n'estant pas separée par la fermentation, il se fait du tartre en abondance ; la cause de la separation, c'est la

fermentation, aſſemblant les parties les plus pures, & diuiſant les plus groſſieres. Tu me deman-
des ſi la fermentation ſeule eſt cauſe que les choſes douces produiſent du tartre ; pourquoy dans
l'hydromel ne ſe trouue-t'il iamais de tartre ? De
là tu inferes que ce n'eſt pas vne fermentation
commune, par laquelle il en doit eſtre tiré. Et
certes auec raiſon, celuy qui ne ſçait pas tirer le
tartre du miel, n'en ſçait pas tirer auſſi le vin.
Mais il ne faut pas icy reueler ce ſecret, qu'il faut
garder pour les Amis, juſques au temps de la re-
uelation; cependant contente-toy de la demonſ-
tration de la poſſibilité. Certes, ſi quelqu'vn
m'eut donné autrefois autant de lumieres, ie ſe-
rois pluſtoſt paruenu à la connoiſſance de l'art; &
n'ayanr iamais rien appris d'autruy, tu peux iuger quel trauail, & quelle dépenſe il m'a fallu
faire pour cela.

Paragraphe 5.

VNe particuliere purification du tartre commun
impur ſans aucune perte, &c.

Cette inuention conſiſte vniquement en vne
precipitation conuenable, par laquelle toute la li-
moſité eſt ſeparée du tartre diſſout, d'où vient
qu'il ne s'en perd que peu ou point du tout; &
partant le tartre eſt facilement conuerty en
grands criſtaux.

Paragraphe 6.

LA maniere d'oſter l'odeur & le gouſt deſagreable
du miel, laquelle eſtant oſtée, on tire vn eſprit ardent tres-bon, qui ne ſent pas le miel, &c.

Ce

Ce secret aussi consiste en la precipitation de la limosité superfluë, & de l'odeur desagreable, le miel acquerant vne bonne odeur & saueur : tellement qu'il s'en fait de bon vin, & de bon vinaigre.

Paragraphe 7.

LA confection d'vn excellent hydromel tres-clair des raisins secs grands & petits, ayant le goust d'vn bon vin d'Espagne, dont il se fait aussi de tres-bon & tres-clair vinaigre.

Les raisins des païs chauds apres auoir esté seichez, sont enuoyez en Allemagne & autres regions. Ce n'est autre chose qu'vn suc espaissi dãs la gousse des raisins, car l'aquosité en estant desseichée y a laissé vn suc doux comme sucre, ou essence des raisins. L'humidité que la chaleur du Soleil leur a ostée peut estre remise par vne autre eau, de sorte qu'il s'en peut faire du vin; ce qui a esté éprouué par plusieurs qui ont versé de l'eau chaude sur les raisins entiers ou coupez pour la fermentation dans le vaisseau, pour en tirer du vin d'Espagne par ce moyen : Mais la chose n'a pas reüssi selon leur desir, car au lieu de vin ils n'en ont tiré qu'vne liqueur douce, d'autant que les raisins en se seichant auoient acquis vne autre nature, & ne pouuoient donner du vin comme font les raisins frais. C'est pourquoy on n'a point encore connu la maniere de faire le vin d'Espagne des raisins secs, tel qu'est celuy des raisins frais, laquelle est maintenant inuentée. Plusieurs croyent que le raisins secs recouurent en iettant de l'eau dessus ce qu'elles auoiẽt perdu

B

en se desseichant, & que par consequét on en peut
faire du vin pareil à celuy des raisins frais ; mais
cela ne se fait pas par cette voye commune, mais
par vne autre, qui est vne precipitation laquelle
oste le goust des raisins secs par la fermentation,
& separation des parties heterogenes. Car ce n'est
pas vn art particulier, de faire des raisins secs par
l'adition de l'eau, en la maniere connuë vn breuuage doux qui est éprouué comme vn veritable
vin qui se peut garder, lequel n'estant pas encore clarifié apres la fermentation, s'aigrit peu à
peu ; ce que ne fait pas le vin d'Espagne, veu qu'il
dure quelques années, s'il est bien conseruè.
C'est pourquoy côme ces vins qui sont faits des
raisins secs par la voye commune ne sont pas de
durée (ce qui se voit par experience) on a negli-
gé d'en faire, ayant crû qu'il estoit impossible.
Or la faute ne doit pas estre attribuée aux raisins
secs, mais à l'ouurier ; car si en les faisant seicher,
il ne s'éuapore qu'vne humidité insipide, & que
toutce qu'il y auoit de bon, y demeure, pourquoy ne s'en pourroit il pas faire du vin semblable au naturel par le moyen de l'eau qu'on y re-
mettroit? Mais tu me diras que le goust estrange
que les raisins ont acquis en se desseichant, empesche cette operation ; mais si on sçait leur oster
le goust, non seulement il en fera du vin d'Espagne, mais encore de celuy de Rhin. Mais tu me
demanderas, comment se peut-il faire du vin de
Rhin des raisins secs d'Espagne, veu que les frais
ne donnent qu'vn vin doux? La response est dans
les Paragraphes precedens, où se voit la possibilité de faire des vins differents de quelque ma-

tiere douce que ce puiſſe eſtre.

Ie puis aſſeurer auec verité que de ces raiſins ſecs communs, & du miel, i'ay ſouuent fait des vins doux, qui ont eſté beus pour des vins d'Eſpagne. Ie ne parleray donc plus de cecy, qui ſera confirmé par l'experience.

Or ie te diray pour concluſion, que ſi tu ſcay oſter au miel ſon gouſt & ſon odeur qui ſont deſagreables, tu puis en tous les lieux du monde, où il ſe trouue du miel, ou des fruits doux, faire du vin d'Eſpagne, ou autre, côme de la maluoiſie, & celuy qui a tiré ſon nom du mont S. Pierre, ſans y employer des raiſins ſecs; parce qu'il eſt plus aiſé de recouurer par tout les autres matieres. Des vins de cette ſorte il ſe fait du vinaigre blãc, clair, & fort meilleur que celuy de France & de Rhin: outre cela telle ſorte de vins ſe peut faire en toutes les ſaiſons de l'année, ce qui n'attache perſonne, & peut ſeruir à ceux qui perdent tous les ans beaucoup de vin.

Paragraphe 8.

Comment il faut faire de bons vins, & de bons vinaigres aux lieux où les raiſins ſont aigres.

Ce ſecret eſt auſſi tres vtile. On peut planter de la vigne dans les pays froids; mais les raiſins ne venant pas à maturité, il ne s'en peut pas faire de bon vin, teſmoin l'Allemagne, où ſouuent l'Eſté s'eſtant trouué froid, les raiſins n'eſtant pas bien meurs donnent vn petit vin vert, d'où ſouuent les Vignerons reçoiuét vn grand dommage, ne pouuant vendre leurs vins, leſquels ils ſont contraints de boire eux-meſmes, ou de les garder pour le mesler auec d'autre vin plus fort : Car si l'année suiuante est encore sterile, ou mediocrement bonne, ces vins ne peuuent pas estre perfectionnez par d'autres qui ne sont gueres meilleurs. Il arriue aussi souuent que les Vignerons en vne mauuaise vendange choisissent les meilleurs raisins, & laissent les autres ; que s'ils sçauoient la maniere d'en oster la verdeur, il ne les mespriseroient pas de la sorte.

D'autant que le vin vert peut estre facilement corrigé, veu que des raisins verds & durs que i'ay pilez auec vn marteau, i'en ay fait du vin semblable à celuy de Rhin. Ie laisse à iuger de l'excellence de ce secret, qui est vtile non seulement dans les pays froids où les raisins ne meurissent iamais parfaitement, mais encores dans les pays chauds où il arriue vne temperature d'air contraire, qui les empesche de meurir. Les raisins mesmes qui naissent dans les champs incultes peuuent estre corrigez par cette inuention, en sorte qu'il s'en peut tirer d'excellent vin. Ce secret est donc tres-vtile, mais il ne le faut communiquer qu'auec discretion.

Paragrahe 9.

LA preparation de Boissons salutaires qui se font de Ribes, Meur.

Ce Paragraphe se rapporte au 2. & 8. car la mesme inuention qui sert à meurir les raisins verds, sert aussi à faire ce procedé, sans autre difference, que de corriger cet odeur sauuage de ces fruits, laquelle ne se rencontre pas dans les

raiſins, & c'eſt en quoy les raiſins leur ſont preferables; & les fruits ſuſdits ſont preferables aux
raiſins,en ce qu'ils croiſſẽt en tous lieux en abondance,& plus facilement. Car ſi vne branche de
la longueur d'vn empan ou deux eſt miſe en terre au Printemps, elle peut porter fruit cette année meſme, dans les lieux les plus froids & incultes, & par conſequent la terre la plus graſſe
produit de meilleurs & de plus grands fruits.

Paragraphe 10.

*LA maniere de corriger les vins troubles, gras, rou-
ges, moiſis, aigres.*

Quoy qu'il ſemble que ce Paragraphe ne ſoit
de nulle importance, toutesfois ce ſecret eſt neceſſaire pour faire les vins ; car il arriue ſouuent
que les pleins tonneaux de vin ſe gaſtent, deuien-
nent gras, rouges, moiſis & puants. Faut-il les
ietter pour cela ? nullement. Car ce ſeroit grand
dommage. Il vaut bien mieux y remedier comme l'on fait en ſecourant les hommes malades.
Si vous auez donc de tel vin, il en faut precipiter
tout le vice, & dans peu de iours il recouurera ſa
premiere bonté, couleur, & clarté. Le vin meſme qui deuient aigre, pourueu qu'il ne ſoit pas
tout à fait changé en vinaigre, peut eſtre remis en
ſa premiere bonté par des moyens conuenables :
celuy qui eſt trop aigre doit eſtre conuerty en vinaigre.

Paragraphe 11.

LA maniere de faire un vinaigre tres-bon, tres-clair, & durable en grande quantité, de certains vegetaux qui se trouuent par tout, &c.

Ce secret est excellent pour ces Villes maritimes qui sont fort marchandes, d'où le vinaigre peut estre transporté auec grand lucre en d'autres regions.

Paragraphe 12.

LA production des vins dans les pays froids, lesquels ne cederont en rien en bonté, durée & clarté, à ceux qui prouiennent en Allemagne, France, Italie, Espagne.

Ce secret est presque le mesme que celuy du Paragraphe 8. & 9. Mais en celuy-cy il est principalement requis d'appliquer à la racine de la vigne vne Medecine nutritiue, & confortatiue, qui la rende feconde, & qui la preserue du froid pour produire des raisins, lesquels quoy qu'ils ne paruiennent pas à la maturité, peuuent neantmoins estre tellement perfectionnez dans & apres la fermentation, qu'il s'en peut tirer vn tres-bon vin.

Paragraphe 13.

VN secret pour transporter aisément les vins des lieux montueux éloignez des riuieres, & autres commoditez de la voiture, en sorte que la voiture soit dix fois à meilleur marché.

Ce Paragraphe a choqué beaucoup de gens
tant doctes qu'ignorans des secrets, lesquels iu-
geoient que c'estoient des chimeres & des révé-
ries. Cela estant venu à mes aureilles, ie me re-
pentis d'auoir escrit, pource que ie m'estois attiré l'enuie & la malveillance de plusieurs : mais ie
me consolay, ayant consideré que c'estoit la coustume de ce monde peruers & grossier, de blasmer
les honnestes gens, & de reprendre leur doctrine.
Plusieurs disoient que la chose estoit impossible,
veu qu'on n'auoit pas des chariots ailez, & se
confirmoient dans leur incredulité. Mais ie te
prie, pourquoy imites-tu les Zoïles enuieux qui
ne cherchét que leur honneur propre, comme s'ils
en sçauoient plus que les autres, & s'ils n'estoient
pas contraints de faire les Parasites & les Charlatans, qui ne songent qu'a éuiter la peine, & qui
ont honte de manier les charbons. Mais reue-
nons à nostre proposition pour monstrer la verité. Le moust nouueau auant sa fermentation ne
perd rien de sa force, qu'vne humidité insipide,
comme il se voit par experience ; quoy qu'apres
la fermentation par la chaleur il soit priué de son
esprit ardent, qui est sa partie la plus noble, les
parties insipides & inutiles estant laissées, comme il se voit dans la distilation du vin. Il s'en-
suit donc que le vin nouueau auant sa fermentation, doit estre cuit iusqu'à consistence de miel,
mais non dans vn Chauderon qui luy donneroit
vne saueur desagreable : l'humidité estant euapo-
porée, il reste la huictiéme ou dixiesme partie qui
ressemble au miel, dans laquelle est cachée toute la force. Ce suc estant espaissi & mis dans le

tonneau, peut estre transporté plus facilement
que les 10. parties n'estant pas epaissies, dont le
transport n'est pas seulement plus cher, mais encore suspect de falsification & sophistiquerie qui
peut estre faite par les Voicturiers, qui meslent
de l'eau dans le vin.

Ce suc estant transporté ailleurs épaissi se conuertit en vin, pourueu qu'on le dissolue en vne
suffisante quantité d'eau, à sçauoir autant qu'il
en auoit perdu dans la cuisson & condensation,
ou en plus petite quantité, si tu desires que le vin
en soit meilleur & plus fort. Estant dissout, on le
met dans les tonneaux pour la fermentation.

Du moust épaissi il s'en peut faire des vins
non seulement d'vne espece, mais de differentes,
selon la diuerse quantité d'eau qu'on y veut mesler, & non sans beaucoup de profit, de sorte
qu'on n'a pas besoin des vins doux estrangers de
France, d'Espagne & d'Italie, dont le transport est
de grand despense.

N. B. Le moust ne doit pas estre épaissi dans
vn Chauderon, à cause de la mauuaise odeur, saueur, & adustion qu'il en contracte : ioint qu'il y
faut vne particuliere precipitation, par le moyen
de laquelle est separée la iaueur & la saueur qui
est attirée par la cuisson pour le clarifier. Sans
quoy sçauoir la cuisson & la precipitation ou cla-
rification dans le temps de la fermentation, on ne
sçauroit faire de bon vin. Celuy donc qui enten-
dra ce secret se pourra enrichir en peu d'années en
faisant des vins differens : mais celuy qui ne l'en-
tendra pas, s'en doit abstenir.

Tu pourras en faire l'essay dans vn petit vais-

feau , & tu verras que le mouſt ne perd rien de ſa
force en s’épaiſſiſſant, & y meſler vne ſuffiſante
quantité d’eau pour le diſſoudre , & tu auras vn
mouſt auec ſa premiere douceur, à la reſerue de
la ſaueur qu’il attirera du chauderon : mais ſi tu
encens bien le ſecret, ſans doute tu feras du mouſt
des vins tres-excellens.

Paragraphe 14.

*L*A preparation d’vn airain verd du vieux cuiure,
dont la liure n’excede pas le prix de ſix ſols.

C’eſt icy vn tres-rare ſecret, par lequel par vne
voye facile & de peu de deſpenſe, ſe fait le cuiure
vert en grande quantité , lequel eſt tres-vtile aux
Peintres , & à ceux qui donnent des couleurs,
dont chacun peut honneſtement ſuſtenter ſa famille.

Paragraphe 15.

*N*ouuelle & inoüye diſtilation du Vinaigre en
grande quantité, &c.

Cette maniere a eſté inconnuë iuſqu’à preſent, &
par conſequent elle merite bienque i’en raſſe mé-
tion icy, d’autant que dans la Chymie perſonne
ne ſe peut paſſer de vinaigre diſtilé, d’autant que
par ſon moyen les couleurs ſont purgées & clari-
fiées, en ſorte qu’elles ſont venduës à plus haut
prix, dont vn chacun peut honneſtement entretenir ſa famille. Ce qui ne ſe peut pas faire dans
la diſtilation du vinaigre dans des vaiſſeaux de
verre, eſtant ennuyeuſe & de grande deſpenſe.

Paragraphe 16.

*L A distilation tres-facile de l'esprit d'vrine le plus
fort, dont on peut faire 20. ou 30, liures. &c.*

Dans le 2. traité des Fourn. Philof. j'ay fait ample mention de la distilation de cet esprit, & i'en ay donné diuerses façons : Mais ie n'ay fait nulle mention de celle-cy, d'autant qu'elle n'a aucune affinité auec les autres qui se font par le moyen des instruments de terre, de verre & de metail, mais seulement auec ceux de bois sans aucun feu: de sorte que 100. liures n'en demandent pas vne de charbons : & non seulement, 20. 30. mais 100. liur. peuuent estre faites pour vne richedale: cette distilation est certainement fort artificielle. N. B. La distilation du vinaigre se fait presque de la mesme sorte. Or dans mon Appendix ie n'ay parlé que de 20. ou 30. liu. à faire pour vne richedale, pource qu'il y auoit plus de vray-semblance que si i'eusse dit 100. Et pource que le prix de 20. ou 30. l. ne paroit pas vray-semblable aux ignorans, ie dis maintenant hautement que le prix de 100 liu. n'excede pas vne richedale. Le croye qui voudra, cela m'est indifferent, & la chose indubitable. Quoy que cet esprit soit excellent pour la Chimie, ie l'ay pourtant voulu communiquer pour la Medecine particulierement. Car si on la peut faire en grande quantité auec peu de frais & peu de trauail, on en peut vser liberalement dans la Medecine, sur tout dans les bains secs, & humides, par lequel moyen sont souuent heureusement guueris des maux que l'on croyoit incurables. Cet esprit fait des merueilles, & cause de l'honneur & des richesses. Il ne faut pas donc mespriser ce Paragraphe, à la façon des Zoïles enuieux.

Paragraphe 17.

V Ne distilation facile à peu de frais, de l'esprit de sel, &c.

Dans la premiere partie de mes Fourn. Philos. i'ay donné vne maniere tres-facile de distiler l'esprit de Sel en quantité. Mais dans ce Paragraphe il est traitté d'vne autre particuliere distilation, que ie n'ay pas voulu diuulguer. Or l'esprit de Sel estant necessaire à beaucoup de belles operations inconnuës au peuple, i'ay crû qu'il faloit publier ses loüanges. Ie mettray donc à present icy quelquefois de ses vsages chimiques en peu de paroles, reseruant les autres pour vne autre saison.

Paragraphe 18.

L A separation de l'or d'auec l'argent, sans toucher aux ornements, &c.

Les Chimistes sçauent la separation de l'or d'auec l'argent par l'eau royale, & la solution & separation de l'or contenant du cuiure & de l'argent: Mais on ne l'exerce gueres pour les raisons suiuantes, d'autant qu'elle ne repare pas les frais & la peine qu'il faut prendre à faire l'eau royale. Or l'esprit de Sel se fait sans beaucoup de despense. Secondement, quoy que l'or se dissolue dans l'eau royale, il ne peut estre derechef separé

que difficilement. Quelques-vns apres auoir diffout l'or dans l'eau royale, l'ont precipité auec la
lexiue du fel de tartre ; l'ayant precipité, l'ont
edulcoré, puis reduit auec le borax : & d'autant
que cette chaux venant à fentir le feu, s'al-
lume auec vn grand tonnerre, ils l'ont meflée
auec fouphre commun, & ont calciné ce meflan-
ge pour ofter l'embrafement & le tonnerre, auant
que de le reduire auec le borax.

Ce trauail requiert vne grande diligence, &
beaucoup de frais, fi on ne veut faire quelque
perte de l'or, & c'eft pourquoy ce n'eft pas la
meilleure maniere. D'autres par le moyen de la
diftilation ont feparé l'eau royale de l'or diffout;
mais outre la peine, la puanteur, & le danger des
verres, ils ont fouffert la perte de l'or par l'eau
royale. C'eft pourquoy cette façon de feparer
n'eft pas bonne. Quelques-vns ont precipité l'or
diffout par l'eau royale, auec folution de vitriol
& d'alun en poudre noire, lequel ils ont trouué
dans la fufion meflé auec le fer & le cuiure atti-
rez du vitriol : & partant cette façon de feparer
eft inutile. Or dans noftre feparation tels obfta-
cles ne fe rencontrent pas ; car l'or eftant diffout
dans l'efprit de fel, foudain on y adioufte quelque
chofe precipitante, & la folution dans vn vaiffeau de cuiure (où il n'y a nul danger de fraction)
eft mife fur le feu pour cuire; & pendant que cela
fe fait l'or eft feparé & precipité en perfection,
le cuiure demeurant dans l'efprit de fel, lequel il
faut edulcorer, puis feicher & referuer à fes vfages. Et par ce moyen tout fe fait aifement fans
perte & fans defpenfe. Cette feparation eft la

meilleure de toutes les separations humides de
l'or contenant du cuiure & de l'argent. Dequoy
a esté traité plus amplement dans la seconde partie des Fourneaux.

Paragraphe 19.

LA separation de l'or d'auec l'argile, sable, pierres
à feu, & autres mineraux.

Ce Paragraphe traite d'vn certain trauail qui
doit estre fait auec l'esprit de sel ; par le moyen
duquel chacun peut honnestement s'entretenir
de viures, & de vestemens en tous lieux où il y a
des montagnes, des rochers, de l'argile & sable.
Car par tout il se trouue de l'argile, du sable, & des
cailloux qui contiennent vn or subtil, inuisible
dans l'argile & dans le sable, mais paroissant
quelquefois dans les pierres & cailloux quand on
les rompt, lesquels s'ils sont trop durs, il faut
apres les auoir bien fait chauffer, esteindre dans
de l'eau froide, afin qu'ils se fendent, & qu'estant
brisez ils s'en aillent en poudre : & par ce moyen
l'or qui est en eux se manifeste dauantage. Il se
trouue quelquefois des montagnes entieres plei-
nes de ces pierres douces d'vn tel or spirituel &
subtil à vn point, qu'il ne paye pas les frais de la
fusion. Mais par le moyen de l'esprit de sel il est
facilement tiré auec honneste profit. Or il faut
connoistre cette sorte de pierre, les rougir au feu,
puis les esteindre comme a esté dit. Ces pierres
contiennent aussi du fer, lequel ne nuit point à
cette operation, d'autant que le seul or est preci-

pité par l'esprit de sel, le fer restant dans l'eau.
Ce trauail est beau & facile, & peut mesme estre
fait en grande quantité auec tres-grand lucre, de
sorte queplusieurs personnes s'en peuuent susten-
ter, & habiller, sans dommage de leur prochain.
Le secret consiste en deux choses , dans vne copieuse & facile preparation de l'esprit de sel, &
dans vne deuë precipitation.

Paragraphe 20.

Vne nouuelle & inouye espreuue des mineraux
sauuages, & rebelles, &c.

Cette espreuue est bien differente de la vulgaire par les tuiles & coupelles, elle est particulie-
rent destinée à ces mineraux sauuages & rebelles , qui ne se meslent point auec le plomb ; & ne
se meslant point auec le plomb, côment peut-on
sçauoir ce qu'ils tiennent? Ce secret est donc tres-
vtile & tres-excellēt, sur tout pour ceux qui cherchent leur fortune dans les môtagnes, dans la terre, dans les mines, & pierres. Car par ce moyen on
connoist aisemēt ce qu'ils tiennent, & par consequent le gain ou la perte qui s'y peut faire. Or ce
secret consiste principalement en la conionction
du Saturne , car sans luy il est impossible de connoistre ce que tiennent les mineraux , dont il y en
a beaucoup abondants en or , lesquels pour n'a-
uoir aucune affinité auec le plomb, sont reiettez
comme pierres inutiles.

Mais si par le moyen d'vn milieu ils sont deuëment vnis auec le plomb, ils monstrent aussi bien
ce qu'ils tiennent que les autres mineraux plus

doux, & non fans vtilité. C'eſt pourquoy il faut
tenir ce ſecret pour vn fondement de l'Alchimie.

Paragraphe 21.

*Vne nouuelle & courte voye par laquelle les mi-
neraux ſont promptement fondus en grande
quantité auec beaucoup de lucre, &c.*

Cette voye de fuſion n'a pas encore eſté connuë, par laquelle les metaux ſont fõdus en grande
quantité ; mais indubitablement elle ſera vn iour
publiée, eſtant beaucoup preferable à l'autre voye
commune. Or ce ſecret conſiſte en ce qu'il ſe
fait ſans ſoufflets par de certains & particuliers
éuentails qui allument les charbons auſſi forte-
ment que les ſoufflets. Ceux qui trauaillent aux
mineraux ſçauent combien il leur couſte tous les
ans en ſoufflets & meules qui les éleuent. Au reſte
il faut ſouuent tranſporter les mineraux & les
charbons dans des valons à cauſe des eaux ſans
leſquelles on ne peut pas gouuerner les ſoufflets,
& c'eſt vne peine bien ennuyeuſe & de grand
couſt. Outre cela il y a cette commodité dans
cette façon de fondre, qu'on peut baſtir des Fourneaux de la grandeur qu'on les veut ; ce qui n'eſt
pas permis ailleurs, parce que les plus grãds Fourneaux demandent de plus grands ſoufflets, plus
grand quantité d'eau, & par conſequent de plus
grandes meules ; ce qui ne ſe peut pas faire com-
modement par tout. Or dans noſtre nouuelle façon de fondre nous n'auons beſoin de ſoufflets ny
de meules, quelques grands que ſoient les Fourneaux ; car plus les Fourneaux ſont grands, tant

plus y peut on fondre vne grande quantité. Or ie
ne sçay pas si toute sorte de mineraux se peuuent
fondre en ce Fourneau, du moins i'en ay fait l'essay en la mine de plomb, & non aux autres, faute de minieres & de lieu suffisant pour la constru-
ction du Fourneau. Mais i'espere qu'en peu de
temps i'habiteray dans vn lieu plus commode,
où les charbons & les mines ne me manqueront
pas pour faire mes essais.

Paragraphe 22.

*Vne meilleure façon de separer les choses fonduës,
vne meilleure separation de l'argent d'auec le
plomb.*

Ce secret n'est autre chose qu'vne particuliere
separation du plomb d'auec l'argēt contenu dans
le plomb. Car comme dans les boutiques le plōb
contenant de l'argent est separé au feu en soufflāt,
& conuerty en litharge: nostre separation se fait
presque en la mesme maniere, le plomb estant reduit en litharge, non pas à force de souffler, mais
par le moyen d'vn certain Fourneau ; c'est pourquoy cette maniere vaut mieux que la vulgaire.
Cecy se doit entendre de la separation qui se fait
en grande quantité ; mais il y a vne autre separation des metaux de moindre poids, comme de
cent liures, laquelle ne se fait pas par les coupelles communes faites de cendres ; mais par les
creusets, dont on met six ou huit en vn petit Fourneau entre les charbons, immediatement, & non
sous la tuile, & par ce moyen il se fait beaucoup
plus de preuues dans vn iour, que sous la tuile

par

par le moyen des coupelles en huit iours ; dautant
que par cette voye la feparation fe fait en vne fois
en vn vaiffeau , & par la voye commune fi les mineraux font rebelles , il les faut pluftoft mettre au
feu, puis les cuire dans vn creufet auec certaine
addition en vn four à vent, ou auec les foufflets;
puis les ayant cuits fous la thuile les conuertir en
fcories, puis coupeller les fcories . Et ces 4. trauaux, brulure, decoction, fcoriation , & coupel-
lation à peine fe peuuent-ils faire en 3. ou 4. heu-
res de temps : & dans cette feparation les mineraux, foient doux ou rebelles , ne font bruflez ny
cuits , mais tous enfemble font preparez dans vn
creufet en moins d'vne heure.

Cette preuue eft tres-excellente & tres-vtile,
fans laquelle à peine aurois-je acquis vne fi grãde
connoiffance des metaux. Car on peut aifement
coniecturer combien de peine & de temps , fans
conter les charbons , il eft requis , fi pour chaque
preuue il faut allumer vn feu en fon propre fourneau pour diuerfes feparations , lefquelles fe font
toutes par vn mefme feu & dans vn mefme fourneau dans noftre nouuelle inuention. Elle eft propre à ceux qui recherchent auec eftude les fecrets
de la Nature , & qui à caufe de leurs occupations
ne peuuent pas pratiquer la voye cõmune; elle eft
bonne auffi pour les Mineurs, & pour les Chimiftes qui trauaillent en or & en argent, & qui veulent en éprouuer la bonté. Elle fe peut faire en
grande quantité : car 10. ou 20. liures peuuent
eftre éprouuées par cete voye auec autant de faci-
lité qu'vne ou deux onces: mais d'autant qu'ẽ vne
plus grande quantité il y faut plus de plomb , les

creufets doiuent eftre plus grands. Or dans cette nouuelle feparation il n'eft pas befoin de tant de plomb, qu'en la voye commune. Car il fuffit du double ou du triple du plomb pour vne partie du mineral, fuft-ce mefme du cuiure, (lequel dans l'autre voye demanderoit 16. ou 18. parties du plomb) outre cela il ne s'y perd rien ni du plomb ni du cuiure, & il ne faut point le fondre derechef & le tirer de la coupelle, dans laquelle comme eftant poreufe il a couftume d'entrer; d'autãt qu'-icy le plomb eft derechef aifément feparé du cuiure par vn petit feu.

Ce n'eft donc pas vn petit fecret qui ouure la porte à beaucoup d'autres. Tu me diras, que ie promets beaucoup, & que ie fay peu; que ie fay mentiõ de beaucoup de fecrets, mais que ie n'en-feigne rien. Qui pourra iamais trouuer ces cho-fes par la fubtilité de fon efprit?

À cela ie refpons, que mon deffein n'eft pas de prefenter les morceaux tous mafchez; c'eft pour-quoy cherche & trauaille inceffamment, comme i'ay fait, & les autres, fi tu es auide de nouueauté. Perfonne ne m'a iamais rien mõftré, & ie n'ay ap-pris que de l'exercice, de l'vfage, & de la fortune, felõ le prouerbe. *L'vfage fait l' Artifte, & en forgeãt on deuient Forgeron.* Si i'euffe eu autant de lumiere que ie t'en donne, fans doute ie fuffe paruenu à de plus grandes chofes auec moins de peine & de defpenfe. L'Amerique ayant efté decouuerte par Chriftophle Colomb auec beaucoup de trauail, les autres ont eu bien de l'auantage d'en trãfpor-ter les threfors auec moins de danger, & de pei-

ne. N'eſt-il pas digne de loüange d'auoir décou-
uert vn pays ſi riche, quoy qu'il ne l'ait pas monſtré au doigt à vn chacun? Les autres ne l'ont ils
pas ſuiui comme leur guide,& trauerſant l'Ocean
n'en ont-ils pas emporté des richeſſes immenſes?
Pourquoy donc ne prendras-tu pas la peine de
chercher ce ſecret par le moyen duquel on peut
auoir de l'or & de l'argent ſans courir les hazards
de la nauigation ? Mais tu raiſonnes comme le
Renard, diſant que les traces des autres t'eſton-
nent, que tu en as veu pluſieurs qui ſe ſont ruinez
dans l'Achimie ; ie l'aduoüe, mais ce n'eſt pas la
faute de l'art, c'eſt celle de l'Artiſte.

Pour moy ie ne doute point que mes eſcrits ne
dõnent beaucoup de lumiere à toute l'Alchimie,
& ne retire pluſieurs de l'erreur. Au reſte ſçache
qu'il y a vn autre Saturne que le vulgaire, par
lequel ſont faites des choſes merueilleuſes ; à ſçauoir celuy que Paracelſe vante ſi fort dans ſon ciel
Philoſophique. Or dans cette ſeparation on vſe
du plomb connu de tout le monde, qui n'eſt pas
inferieur à celuy des Philoſophes ſon frere, lequel eſtant laué & ſpiritualiſé oſe entrer dans le
conclaue royal pour y receuoir ſa nobleſſe.

Paragraphe 13.

Comment il faut fondre les mineraux auec des
charbons foſſiles au deffaut des charbons de bois,
par vne voye tres-facile, & tres-aiſée.

Ce trauail ne ſe fait pas par le moyen des ſoufflets, mais par la flame des charbons ou de bois
ou foſſiles, trauaillant ſur les mineraux , comme

s'ils estoient enuironnez d'vn creuset. Or cette maniere est du moins pour les metaux mols & faciles à fondre, où il ne se fait pas vne si grande perte des mineraux comme icy.

Paragraphe 24.

LA fixation des mineraux sulphurez, *Arseni-caux, Antimoniaux, de Kobolth, & autres volatils veneneux, &c.*

Les Mineurs sçauent bien qu'il se trouue quelquefois des mineraux immeurs qui n'ont ni or ni argent, lesquels estant vn peu exposez à l'air, puis éprouuez, donnent leur or & leur argent dans la grande & dans la petite preuue ; tels que sont le Bismut, le Cobolt, l'Orpiment, & le reste des antimoniaux & arsenicaux. Puis donc que l'air cause cette maturation, en incitant le sel actif & maturatif des mineraux, Pourquoy tels mineraux ne seroient ils pas meuris & perfectionnez par le moyen de l'art? Certes cela se peut faire par le moyen de l'art & de la nature, quoy qu'il ne soit pas compris par vn entendement grossier. Quelle resolution faut-il prendre ? Faut-il reueler ce secret à des incredules ignorans? Point du tout; qu'ils cherchent comme les autres, s'ils ont esté predestinez de Dieu pour le trouuer, ils le trouueront, sinon ils ne reüssiroient pas, quoy qu'on les instruisit. Or il faut que tu sçaches que l'or & l'argent, lesquels par vne maturation artificielle ont esté tirez de ces mineraux immeurs, n'estoiët pas cachez en iceux corporellement (autrement ils eussent pû estre separez par cette separation artificielle) mais spirituellement comme vn enfant enueloppé dans la matrice. Aussi Paracelse appelle ces mineraux , Soulphres embrionnez , qui ne manquent de rien que de la maturation, de laquelle ils sont priuez estant trop tost ostés des mines. Or ce n'est pas icy le lieu d'enseigner la maniere de les fixer : mais ie puis bien asseurer qu'il n'y a point de Soulphre volatil immeur qui ait aucune affinité auec l'or fixe corporel , & par consequent qu'à peine se peut-il mesler auec luy, comme il se voit par la separation des metaux par le moyen de la fonte , où il y a quelques metaux fondus ensemble, fixes, ou non fixes , auec l'addition du Soulphre commun , lequel estant mesflé auec les fixes qui ne luy sont pas proches, les conuertit en scories. Quant aux fixes , l'or, & l'argent, & sur tout l'or , ils ne veulent pas se mesler auec luy,& le reiettent , se separant naturellement de ce meslange, allant au fond, & se conuertissant en regule , principalement l'or ; lequel estant nettoyé de toute sorte d'ordure , n'en veut plus estre taché derechef à cause de l'antipathie qui est entre le Soulphre fixe, & non fixe.

N. B. Or le Soulphre commun estant fixé est plus facilement mesflé auec l'or qu'auec les autres metaux imparfaits , ce que les ignorants admirent comme vn tres-rare secret. Les mineraux, Arsenicaux & Cobolts se fixent aussi, de sorte que par apres ils demeurent vnis auec l'argent. Quant à l'Orpiment & à l'Antimoine, ils participent des deux natures , de l'or & de l'argent , & en partie ils peuuent estre fixez. Sans mentir ie confesse que c'est vn trauail bien dangereux , c'est pourquoy

il ne le faut traitter qu'auec precaution, & par le
moyen de noſtre quatrieſme Fourneau. Pour
moy ie proteſte que les Fourneaux arſenicaux ne
m'ont iamais fait de mal, ne m'eſtant iamais ſerui
d'autre preſeruatif, ſinon que de n'auoir iamais
commencé aucun trauail à ieun. C'eſt pourquoy
celuy qui voudra faire cette operation, prenne vn
morceau de pain auec du beurre, boiue vn
trait de vin d'Abſinthe, & qu'il ſe garde de la fu-
mée.

Paragraphe 25.

Vne *ſeparation fructueuſe de l'or & de l'argent*
flammée, ſpongieux, & rare, d'auec le Sable,
l'Argile, & les cailloux.

Nous auons parlé cy-deſſus dans le Paragraphe 19. d'vn pareil or, lequel ne peut eſtre ſeparé
du Sable ni par la force de l'ablution, ni de l'a-
malgation, d'autant qu'eſtant plus leger que le
ſable il ne peut pas eſtre reſtrecy ſeparement, & il
peut eſtre ſeparé auec profit par la force de la lexiue auec l'eſprit de Sel. Or icy il eſt dit qu'il peut
auſſi eſtre ſeparé par le moyen de la fonte, ce qui
ſemblera incroyable à pluſieurs, à cauſe de la petite quantité d'or meſlée à vne grande quantité
de Sable: auſquels ie reſponds, que par le moyen
de la fonte ou addition de quelque autre choſe, la
ſeparation ne s'en peut pas faire auec profit, d'autant que l'or fondu ne peut pas compenſer les
frais; il faut donc que cela ſe faſſe d'vne autre ſorte. Il y a certains metaux vils & impurs, leſquels
pour eſtre deſtruits & perfectionnés par le moyé

de l'art demandent l'addition du Sable ou de la
pierre à feu, fans quoy leur deftruction & perfection ne fe peuuent executer; que fi on y adioufte du fable & des pierres à feu, leur or qu'on
n'en peut extraire d'autre façon fe manifefte auec
celuy que donnent les metaux deftruits & meliorez, & ce auec beaucoup plus de fruit.

Paragraphe 26.

*Vne certaine extraction tresfructueufe & tres fe-
crette de l'or qui eft inuifiblement contenu dans
les metaux les plus vils & dans les mineraux; ce qui
ne peut eftre fait pa r cette autre veye commune.*

Ce Paragraphe traite de la mefme affaire que le
precedent. Et ce trauail n'eft autre chofe que la
deftruction des metaux les plus vils, comme Saturne, Iupiter, Mars, & Venus, & la reduction
d'iceux en vn certain eftre terreftre femblable au
verre ou à la Scorie; Par laquelle deftruction &
reduction les metaux font meuris par la force du
feu, & purgez en partie par le moyen de l'addition, en forte qu'ils peuuent enfuite donner leur
or & leur argent dans la feparation; ce qu'ils
n'auroient pû faire autrement.

Paragraphe 27.

*Vne tres-prompte feparation à peu de frais de l'or
& de l'argent extraits par la fonte, &c.*

Ce trauail eft parfaitement beau, tres-prompt
& tresvtile, (d'autant qu'il fe fait fans eau royal-
le.) Il n'y a perfonne qui ne fçache les difficultez

qu'il y a à faire la separation par l'eau royale, laquelle se fait aisement en la maniere suiuante. Il faut rompre l'argent en petites parcelles, dont on remplit le creuset, y adioustant le flux separa-toire; l'argent estant fondu, l'or est precipité dans l'argent auec certaine chose qui precipite en re-gule, apres quoy on verse le tout ensemble dans vn cornet; estant refroidy, on frappe auec vn marteau, & l'on separe du reste de la masse le re-gule, lequel n'est pas tout à fait priué d'argent, contenant pour vne liure d'or, deux ou trois li-ures d'argent, lesquelles il faut separer par la cou-pelle & par l'eau forte. Et par ce moyen l'or qui est contenu dans 100. Marcs, ou 50. liures d'ar-gent, est reduit en 2. ou 3. lesquelles sont par aprés separées par l'eau forte. Il n'est pas besoin de purger par le feu ces 100. marcs, de les mettre en grenaille, & de les separer chacun par l'eau forte; on n'a besoin d'eau forte que pour peu de marcs; & l'on épargne beaucoup de frais neces-saires pour achetter de l'eau forte en quantité, des verres qui sont suiets à se rompre, & vne grã-de peine. Secondement par cette voye on peut se parer vne grande quantité d'argent en vn iour auec peu de trauail & de despense, ce qui ne se peut faire par l'eau forte. Ne t'imagines pas que cette voye soit celle que descrit Lazare Erker, d'autant qu'il y a grande difference: Car quoy que la voye que Lazare a enseignée ne soit pas à mé-priser, elle est pourtant en quelque façon ennuy-euse & de beaucoup de despense; ce que n'est pas la nostre.

Paragraphe 28.

L A reduction de l'or mis en œuure, comme chaifnes, anneaux, &c.

Icy eft fait mention d'vne autre certaine feparation qui n'a nulle affinité auec la precedente,
pour feparer aifement l'or de l'argent & du cuiure,
& pour le reduire au fouuerain degré. Ce trauail
eft auffi tres-facile & tres vtile, d'autant qu'il ne
fe fait pas par le depart, par le ciment & antimoine, mais par vn flux particulier qu'il faut
adioufter au metal qui doit eftre fondu, lequel
eftant fondu, ce flux affemble l'argent, le cuiure,
& autres, & les conuertit en Scories, ce qui eft
apres feparé, oftant l'or tout pur feparé de l'addi-
dition : L'addition du flux eft auffi par apres fe-
parée de l'addition de l'or par la precipitation.
En forte que premierement fi on veut l'argent eft
precipité du flux, & enfuite le cuiure, ou l'argent feulement eft feparé, le cuiure demeurant
dans le flux. Par cette voye, l'or, l'argent & le
cuiure font feparez en l'efpace d'vne heure, &
mefme chacun à part, & par les autres voyes à
peine cela fe feroit-il en vn iour. Certes c'eft vn
rare fecret pour la feparation.

Paragraphe 29.

V Ne feparation de l'argent d'auec toute forte de plomb
en plus grande quantité que par la preuue des coupelles.

Sans doute à la lecture de ces paroles, il fe fera

meu vne difpute entre les Chimiftes & les Separateurs touchant la poffibilité de cecy: aufquels
il a efté refpondu en la 4. partie de nos Fourneaux, où il eft traité de la preuue des metaux,
& où il eft demonftré que la preuue des coupelles
n'eft pas fuffifante pour vne entiere feparation de
l'argent d'auec le plomb, où ie renuoye le le-
cteur: Or qu'en toute forte de plomb il y ait
beaucoup d'argent, ie puis en rendre refmoigna-
ge, ayant fouuent fait effay de cette féparation,
& ie protefte auec candeur que Saturne n'eft autre chofe qu'vn argent impur & immeur; celuy
donc qui le fçaura purger & meurir, aura fans
doute quelque chofe d'excellent. Pour moy ayant
connu la poffibilité, i'ay fait beaucoup de tenta-
tiues, mais ie n'ay pas pû paruenir à la fin defi-
rée, d'autất que iufqu'icy ie n'ay pas pû auoir des
vaiffeaux conuenables pour retenir le Saturne
auec fon fauon, durant le temps deftiné à ce trauail. Ie le pourrois bien faire auec de petits creufets, mettant l'vn dans l'autre, de forte que fi la
matiere en penetre l'vn, elle fera retenuë par le
fecond ou par le troifiefme, mais non pas com-
modement. Il faut donc attendre le temps des
mifericordes iufqu'à ce que Dieu nous enfeigne
la matiere dont fe font les vaiffeaux, lefquels peuuent accourcir ou couper vne iambe au Saturne
pour l'empefcher de s'efchaper, afin que malgré
luy il attende le temps de fa maturation & purification.

Paragraphe 30.

L'Extraction de l'or de quelque vieux fer que ce soit, laquelle quoy qu'elle ne se fasse pas auec grand lucre, elle suffit neantmoins à ceux qui se contentent de peu.

Non seulement les Philosophes, mais aussi les Mineurs, asseurent que le fer est participant de la nature de l'or. Ie ne dis pas que toute sorte de fer soit également bon, veu qu'il y en a de plus pur & contenãt plus d'or l'vn que l'autre. Il s'en trouue de si riche en or, que souuentefois la mine estãt creusée (auant que le fer soit tiré) il se trouue de petits grains, des veines, ou petites pierres d'or pur au rapport de Matthesius en sa Sarepte auec les Philosophes, asseurant qu'en diuerses pierres tirées des mines de fer de la montagne appellée Fichtelberg & des mines de Sirie , il auoit souuent veu de l'or pur en guise de petites veines. Paracelse aussi vante extremement les mines de fer de la Stirie & Carinthie, & leurs richesses, non pas à cause du fer & de l'acier, mais de l'or abondant qui est caché dans icelles, & qui est inconnu aux Mineurs : au contraire l'or de Suede , & celuy d'Allemagne, se trouue par fois dépourueu d'or, ce que i'ay souuent éprouué. C'est pourquoy tu dois estre prudent & aduisé à choisir le fer.

Or cette separation se fait auec l'Antimoine, lequel aussi ordinairement contient de l'or, l'vn plus, l'autre moins : Celuy de Hongrie & de Transsiluanie sont les meilleurs , les autres n'en contiennent gueres. L'or, quelque modique qu'il soit,

dans le fer & dãs l'Antimoine en peut estre separé, mais non pas auec si grand lucre, que s'il y en
auoit abondamment. Mais me diras-tu, si cela
est ainsi, pourquoy les mineurs n'en font ils la separation? A cela ie respons, que les mineurs igno-
rant cette separation, ne trauaillent que par coustume comme des Mercenaires, sans autre consi-
deration. Cet excellent esprit Lazare Ercker ad-
uouë aussi que les mines de fer possedent quelquefois beaucoup d'argent, lequel est mis sous le
marteau par l'ignorance des mineurs; il enseigne
aussi la separation de l'argent d'auec le fer, mais il
ne fait aucune mention de celle de l'or, l'ayant
peut-estre ignorée. Car personne ne peut sçauoir
toutes choses. Or quand mesme les mineurs
sçauroient qu'il y a de l'or dans les susdites mines, on demande s'ils auroient bien la commodité d'en faire la separation dans ces lieux auec profit. Certes ie croy que s'ils sçauoient la separation de l'or par l'Antimoine, ils le feroient bien
plustost que de laisser l'or dans l'Antimoine pour
le vendre à vil prix. Ils n'ignorent pas qu'il y a de
l'or caché dans l'Antimoine, ils en sçauent la separation, mais auec dommage : c'est pourquoy
ils vendẽt plustost l'or auec l'Antimoine, qu'ils ne
les separent : or ils ne sçauent pas cette separation
antimoniale par laquelle l'or n'est pas seulement
conserué, mais encore l'antimoine. S'ils ne faisoiẽt
la separatiõ auec vne copieuse addition de plomb
par le moyen de la coupelle, ils perdroient & le
plomb & l'antimoine. Or nostre separation ne
se fait pas de cette maniere, mais l'or est separé
du fer & de l'antimoine, estant liquefiez sans ad-

dition d'aucune chose estrange, en corrompant le
fer ou l'antimoine ; de sorte que la separation de
l'or estant faite, le fer & l'antimoine peuuét derechef estre mis envsage, rien nese perdãt que ce qui
s'euapore dãs la separation, ou qui est ietté sans y
péser:C'est par cette voye& nõ par autre que l'or
est separé d'auec le fer & d'auec l'antimoine auec
profit. Or cette separatiõ ne regarde pas seulemét
le fer& l'antimoine qui contiennent dè l'or, mais
encores d'autres choses , comme les Marcaffites,
la pierre calamine , & autres sauuages & rebelles
mineraux , dans lesquels est caché vn or fort rare
& spirituel, & qui par consequent n'en peut estre
separé auec profit par la voye ordinaire , comme
il se fait lors: ces mineraux sont liquefiez auec
l'antimoine (quoy qu'il n'ait point d'or) & l'or
en est precipité par le fer en regule du poids d'vne
liure venant de 100. de la mine & de l'antimoine, & contenant en soy tout l'or de la mine de fer
& d'antimoine. Ce regule en suite est facilemét
elabouré pour toute separation d'or sans beaucoup de frais ; dans laquelle est aussi conserué
l'antimoine qui peut derechef seruir à d'autres
vsages. C'est donc vn secret tres-important que
cette separation, quoy qu'il ne se trouua iamais
de fer ni d'Antimoine qui eussent de l'or, pour separer l'or de ces mineraux rebelles ; l'or estant ietté à l'estroit ou en regule sans aucune perte. Là il
n'est pas besoin de cuire & de perdre tout l'antimoine liquefié auec plõb,& ce plustost auec perte
que gain , veu qu'en nostre operation non seulement on tire l'or,mais on conserue l'antimoine.
  Cette separation est si asseurée , que ie la souf-

mettray à la cenſure de tous les Chimiſtes & experts Separateurs, ne doutãt pas de l'approbation de tous ceux qui ne contrediront pas la verité. Outre cela il y a encore vne autre ſeparation de l'or d'auec le fer & antimoine, qui ne ſe fait pas dans les creuſets : lors on les fixe tous enſemble, puis on les reduit immediatement par vn tresgrand feu de charbons, pour ſçauoir ce que tiennent le fer, & l'antimoine.

Paragraphe 31.

PLus vne ſeparation de l'or & de l'argent d'auec quelque eſtain & cuiure que ce ſoit, ſelon le plus ou le moins.

Cette ſeparation ſe fait d'vne autre ſorte, non auec l'antimoine, mais auec le plomb, auec lequel l'eſtain & le cuiure ont eſté meſlez auparauant d'vne mixtion ſpirituelle, ſans laquelle la mixtion corpórelle des metaux ne vaut rien. Car tout homme qui connoiſt les metaux ſcait bien que l'eſtain eſtant fondu auec le plomb, par la voie cõmune, ne ſe meſle point auec luy radicalement, ſans laquelle vnion radicale les metaux ne peuuent eſtre perfectionnez & meliorez. Ceuxlà donc ſe trompent qui s'imaginent de pouuoir ſeparer l'or & l'argent de l'eſtain, cuiure, & autres metaux imparfaits par la voye de la liquefaction vulgaire ; puis qu'ils ignorent cette vnion Philoſophique, ils doiuent s'abſtenir de tels trauaux vains & inutiles. Ie leur donne cet auis en ami, ayant experimenté la verité de la choſe auec perte de temps & de frais. Or quelle eft cette mixtion fpirituelle qui fe fait par le moyen des eaux tant humides que feiches ? ce grand Philofophe chymifte Theophrafte Paracelfe te l'enfeignera, il la vante beaucoup, & en a efcrit bien amplement.

Ici i'ay voulu aduertir d'vne chofe fur tout, que pour cette radicale mixtion des metaux imparfaits, il y faut auffi de l or, par le moyen duquel eft faite la feparation du pur d auec l'impur dans les metaux imparfaits. Et cette feparation peut eftre comparée à celle que Chrift fera des bons d auec les mefchans, attirant les bons, & reiettant les autres, apres la corruption des corps. Ce qui arriue aux metaux dont les corps impurs doiuent eftre premierement interrompus, puis clarifiez, car alors l'or s'affocie radicalement auec eux, & fait la feparation, attirant à foy fon femblable, & reiettant fon diffemblable. Car ainfi que tout homme a vn ame qui eft vne eftincelle diuine, & falie par le peché par le foulphre infernal, par la fraude de Sathan ; de mefme les metaux poffedent dans leur centre quelque chofe d'incorruptible : mais qui eft tellement enuironné de fouphre impur terreftre, qu'ils ne fçauroient eftre corrigez, s'ils ne font corrompus & reduits au neant, dont par apres l'or attire cette bonne eftincelle, & la conuertit en bonne fubftance ; ce qui ne fe peut faire auant que l'impureté accidentele du fouphre noir luy foit oftée. De mefme auffi qui nous ne pouuons pas eftre vnis à Dieu que nos cœurs n'ayent efté purifiez de ce vieux leuain qui nous a efté laiffé par Adam, & que nous ne foyons reueftus de Chrift, & deuenions femblables aux petits enfans. Ces paroles difficiles qui nous perfuadent la foy, & qui conuiennent auec la nature, ne font obferuées que de fort peu de gens. Et ce que nous auons dit de l'or doit auffi eftre entendu de l'argent, lequel eftant meflé auec les metaux imparfaits, attire à foy fon femblable comme la nourriture : comme font les diuerfes femences en terre, chacune attirant fon femblable, & laiffant le fuperflu. Pour exemple, fi on iettoit en terre de la femence de fenoüil, de cumin, d'ognons, &c. la femence de fenoüil attireroit de la terre ce qui luy feroit propre à la production du fenoüil, auec fa tige, feüilles & graines, &c. Le mefme fe trouue dans le regne mineral, lors que les parfaits font femez fur les imparfaits, dans lefquels ils fe corrompent & attirent leur femblable pour croiftre. Ie n'entends pas neantmoins dire par cette fimilitude que l'or & l'argent foient la femence vniuerfelle des metaux, car l'or n'eft que l'habitacle de cette femence metalique, n'eftant pas feméce en toute fa fubftance. Et cette fimilitude n'a efté apportée que pour faire voir cóment les femblables eftant fpiritualifez, s'ébraffent mutuellement & fe retiennét. Ne t'imagine pas neátmoins qu'il faille diffoudre les metaux dans des eaux corrofiues, & les diftiler par l'alambic; ce trauail des Chymiftes vulgaires eft nuifible & fterile, trópeur & fophiftique; par lequel beaucoup de gens doctes ont efté trópez, ayát crû pouuoir faire par ce moyen vne teinture contre le cours naturel; c'eft pourquoy iamais on n'en a pû tirer rien de bon; iamais Artifte n'a eu fuiet de rien efperer de cette voye inepte, qu'il

doit

doit quitter pour vne meilleure, & sortir de l'a-
ueuglement.

Il faut donc que les metaux soient spirituali-
sez Chimiquement sans eaux corrosiues, & sans
diuers instrumens artificiels, par le moyen d'vn
humide radical propre, sans beaucoup de trauail
& de despense. Car toute cette affaire (sçauoir
la purification, viuification, & spiritualization
des metaux qui se fait par la solution, putrefa-
ction, distilation, & circulation Philosophique) peut estre executée par vn sçauant Spagiri-
que sans verres en l'espace d'vne heure: tellement
qu'il n'est pas necessaire de les vexer & macerer
l'espace de tant de mois par des eaux corrosiues
qui destruisent l'humide radical. Et cela se doit
entendre de la voye humide Philosophique d'v-
ne separation particuliere. Que si on sçauoit
plonger l'or, ou autre sui et doré, dans vne substance tres-pure, tres-penetrante, fixe, & fusible, qui
pût entrer dans les autres metaux fondus, & qui
se meslat radicalement auec les parties les plus
pures, sans doute on viendroit à vne transmuta-
tion particuliere tres-prompte, ou à vne separation du pur d'auec l'impur, auec vne veritable
conduite à l'œuure vniuerselle, dont tant de personnes ont esté iusqu'à present inutilement em-
barassées.

Paragraphe 32.

LA maturation des mines afin qu'elles puissent donner plus d'or & d'argent dans la fusion.

C'est vn de mes meilleurs secrets touchant la

correction des metaux, que cette maturation.
Car ayant souuent tasché de fixer les metaux &
les mineraux par vne certaine voye secrette, i'ay
trouué qu'ils peuuët estre meuris en quelque partie, en sorte qu'ils laissoient dãs la coupelle l'or &
l'argent qu'ils n'y pouuoiët pas laisser auparauãt
qu'ils fussent meuris. Or ie n'ay iamais éprouué cette verité en grãde quantité, & i'en ay dit la
cause au commencement de ces Annotations.

Il faut encore dire que cette fixation est de despense; & partant elle ne se peut pas faire en tous
lieux auec profit, quoy que cela se puisse faire en
grande quantité. Car cette fixation se fait par le
moyen de certaine eau, dont la nature se sert dans
la terre, pourueu qu'elle soit bonne : & par cette
fixation le profit qu'on en doit attendre, c'est que
les mineraux donnent de l'or & de l'argent en
abondance : autrement c'est en vain que nous tra-
uaillons. I'ay souuent fait des épreuues du poids
de cent liures des mineraux immeurs, ou des de-
mi metaux, & ie trouuay vn marc & vn tiers d'argent pur, & dans le Bismuth 2. 3. 5. onces d'or.
La pierre calamine, & le Zein aussi, donnerent
leur or assez copieusement. Mais le plus souuent
ayant fait la cõputation du prix mineral qui estoit à fixer, & de la matiere fixante, & ayant fait
la deduction de ce prix d'auec celuy de l'or & de
l'argët qui en prouenoiët, i'ay trouué que le gain
estoit petit, & quelquefois qu'il n'y en auoit point
du tout de sorte que i'ay laissé l'ouurage, iusqu'à
tant que i'aye pû acheter l'eau fixante à moindre
prix, ou meurir les mineraux en plus de temps,
pour en tirer plus d'or & d'argent : ce que l'expe-

rience montrera : quoy que ie ne fois iamais paruenu à vne perfectió de cette maturité fructueu-
fe, ie ne veux pas neantmoins la mefprifer, comme eftant tres-vtile en d'autres trauaux chymi-
ques ; ce qui me confirme dans l'opinion que
i'ay conceuë de la perfection des metaux & des
mineraux imparfaits, tant par la nature que par
l'art, dans les entrailles de la terre, pour eftre conuertis en or. Dequoy nous auons traité plus amplement dans le liure de la Generation des metaux.

Paragraphe 33.

LA feparation de l'or & de l'argent d'auec l'Arfenic, l'Orpiment, & l'Antimoine.

Ces mineraux volatils ont cómunement de l'or
& de l'argent volatils, prouenant principalement
des mines d'or & d'argent, ne laiffant toutesfois
rien dans la coupelle : que fi l'on fçait la maniere
de les fixer vn peu, & de leur adioufter vn metal,
dans lequel ils fe puiffent cacher, on verra affeu-
rement la poffibilité d'extraire de bon or & argent de ces mineraux volatils & abiects : non tou-
fois de toute forte d'Antimoine, Arfenic, & Orpiment.

Paragraphe 34.

LA feparation du Souphre eftranger pour la production du cuiure.

L'experience tefmoigne que le cuiure & le fer
ont vne grande affinité auec l'or.

Il eft donc vrai femblable qu'il peut eftre purgé,

fi nous en connoiſſions la maniere , dont Paracelſe a parlé dans ſon Liure des Vexations, en ſorte neantmoins qu'il laiſſat l'or & l'argent dans
la coupelle , ce qui ne ſe peut faire à cauſe de l'i-
gnorãce. Mon ſecret regarde particulierement la
mine de Venus trouuée aupres de celle de l'or, &
non pas toute ſorte de mine de Venus, de laquelle ſi on en ſepare le Souphre ſuperflu cõbuſtible,
on trouue l'or tout pur ; mais ce trauail ne peut
pas eſtre executé en grãde quantité, démonſtrant
la poſſibilité de l'art , mais ne promettant pas de
richeſſes; on en pourroit peut-eſtre tirer quelque
commodité, s'il eſtoit bien fait auec la veritable
Venus; Ce qui n'eſt pas de ce lieu, ailleurs il ſera
monſtré plus au long. Or ie veux que tu ſçaches
que le Souphre ſuperflu de Venus ne doit pas
eſtre oſté en le brulant par le feu vulgaire, comme il ſe pratique ordinairement par ceux qui ma-
nient les mineraux, mais il doit eſtre ſpiritualiſé
par vn certain feu ſecret par le moyen duquel il
puiſſe exalter & corriger ſon corps , affin qu'il
ſoit rendu participant de la nature de l'or.
Car telles mines de cuiure fonduës & purgées
par la voye ordinaire , ne donnent point d'or,
mais ſeulement de l'argent; par où il ſe voit qu'elles n'acquierent la perfection que par ce feu ſecret de lauement & de graduation. Car les Chimiſtes experimentez ont vn autre feu que le vulgaire , par lequel les metaux ſont fondus & exa-
minez, ſans lequel les metaux ne ſçauroient eſtre
bien maniez. Pour ex. Dans la fonte & brulure
des mines par le feu vulgaire; la partie volatile du
metal, laquelle eſt l'eſprit & vie vegetable d'ice-

luy, eſt chaſſée par la force de ce feu, & la partie
plus fixe & plus groſſiere demeure : Mais ſi les
parties les plus impures ſont ſeparées par vn feu
particulier, laiſſant l'eſprit graduatoire auec le
corps, il ſe trouue vn corps plus noble que celuy
qui eſt ſeparé par ce feu commun & violent.
Dans le feu ſont cachez pluſieurs rares ſecrets
dont ces Chimiſtes vulgaires n'ont aucune connoiſſance. Dans les ſcories qui reſtent apres
auoir ſouffert la violence du feu, il y a quelque
choſe de parfait caché, qui en eſt extraict, ſi elles
ſont de nouueau fonduës par vne maniere particuliere ; Cette correction n'eſt faite que par le
feu commun de foyer. Mais la correction du
cuiure ne ſe fait qu'auec vn feu lauãt, purifiant, &
exaltant. I'ay ſouuent fait l'épreuue de la mine
du cuiure par les deux ſortes de feu, mais i'ay
touſiours veu que par la voye ordinaire il ne donnoit que de l'argent tant deuant qu'apres la fixation, mais qu'il ne donnoit de l'or ſans argent
que par la voye du feu ſecret. L'Eſtain auſſi exa-
miné par la voye vulgaire, ne donne que de l'argent ; mais eſtant reduit en cendres ou ſcories, il
ne donne que de l'or, comme ayant ſouffert vne
plus grande force du feu. Il faut attribuer cela au
feu qui opere diuerſement ſelon la diuerſité du
regime. Il faut donc connoiſtre la difference des
feux ; car l'vn deſtruit les metaux, l'autre les di-
gere & les meurit ; l'autre les laue & les mondifie ;
vn autre enfin les penetre, les exalte, & les tranſ-
muë en vne meilleure eſpece. De ſorte qu'il eſt
bien vray de dire que toutes choſes conſiſtent
dans le Soleil & dans le ſel.

D iij

Outre les feux susdits chauds & secs , il s'en trouue de froids & humides , qui n'ont aucune affinité auec les autres , par le moyen desquels la Nature destruit & regenere les metaux dans les entrailles de la terre, & l'Artiste hors de la terre. Dequoy i'en pourrois dire dauantage, s'il estoit besoin: mais quoi! on s'attire de l'enuie en faisant mention des secrets inconnus. Ie ne veux pas faire vn habit neuf d'vn vieux drap , comme font plusieurs. C'est pourquoy i'ay mieux aimé donner occasion aux autres de chercher les secrets, que de les publier indifferemment à tous. De tout cela i'en traitteray plus au long dans le liure de l'Origine des metaux, où ie n'oublieray pas ce qui manque icy.

Paragraphe 35.

LA separation de l'argent d'auec les pots de terre, dans lesquels il a penetré en faisant l'épreuue, sans liquefaction, sans trauail & despense.

Cette inuention est pour ceux qui n'ont pas la commodité de liquefier leurs pots , pour en separer l'argent lequel est entré dans iceux auec le plomb durant l'examen ; & c'est vn secret tres-facile.

Paragraphe 36.

VNe preparation ou confection de vaisseaux de terre tres-beaux, semblables aux pourcelines, &c.

A peine se peut-on passer de tels vaisseaux tant dans le mesnage que dans le laboratoire , & bou-

tiques des Apotiquaires. Pour le mesnage, on
peut faire des plats, des assiettes, des coupes, &c.
Pour le laboratoire, des alambics, cucurbites, re-
tortes, escuelles, & autres choses necessaires.
Pour les boutiques des Apotiquaires, de grands
pots, & de petits pour des sirops, conserues, ele-
ctuaires, & pour les eaux des herbes, au deffaut
des vaisseaux de verre. Et c'est auec raison que
tels vaisseaux sont preferez à ceux de verre, n'estác
pas si aisez à rompre, & retenant toutes les hu-
miditez les plus subtiles. On les prefere aussi à
bon droit aux plats & assiettes d'estain, d'autant
que l'Hyuer & l'Esté elles gardent leur politesse,
& sont plus aisement nettoyez auec l'eau.

Paragraphe 37.

LA maniere de faire vn alum fixant & exaltant
toute sorte de couleurs, &c.

Cet alum ne se vend pas, parce qu'il se fait par
l'art de certains mineraux ; il a cette vertu de fixer
& exalter les couleurs de quelque sorte qu'elles
soient, tellement qu'elles ne sont pas alterées par
le soleil, l'air, & l'eau, à quoy est necessaire vn
chauderon tout particulier.

Car les Teinturiers de l'escarlatte sçauent bien
que les graines de cochenille, dont la couleur est
la plus belle & la plus precieuse du monde, sont
alterées dans des vaisseaux de cuiure ; c'est pourquoy on a coustume de les estamer, ou de les faire de pur estain. Nostre alum donc & nostre
chaudron, sont preferables aux autres ordinaires,
& partant cette inuention n'est pas à mespriser,

estant capable de donner beaucoup de lucre à son
maistre.

Paragraphe 38.

*Vne certaine preparation de peu de despense pour les
couleurs à peindre, comme de l'outremer, cinabre,
&c.*

Les susdites couleurs n'ont pû estre faites iusqu'à present en grande quantité auec profit ; c'est
donc vne science vtile que d'enseigner à les faire,
veu la necessité de la peinture qui represente à
nostre memoire les histoires tant sacrées que pro-
phanes, dont on peut retirer beaucoup de profit.

CONCLVSION.

Qve personne ne doute de la verité de ce qui
est contenu en ces Annotations. La Nature
& l'Art sont extrememēt puissans, & nostre science est petite dans les vegetaux, & presque nulle
dans les metaux ; C'est pourquoy les choses qui
n'ont iamais esté veuës ni ouyes, paroissent in-
croyables aux ignorants. La Nature est riche, &
la terre grosse de thresors cachez, ce que peu de
personnes croyent, & ce n'est pas seulement au
dedans, mais au dehors, dans sa circonference,
qu'on peut trouuer des thresors, quoy que nous
ne sçachions pas comment il les faut chercher. Ie
ne diray rien maintenant de l'argile, sable, & pierres, ny des mineraux les plus vils, dont l'or &
l'argent peuuent estre separez. Outre cela en tous
les lieux où autrefois on a épuré les metaux, & où

encore à prefent on les épure, il y a de grandes
montagnes de fcories, defquelles l'or & l'argent
qui y ont refté peuuēt eftre tirez felon l'art. Comme fi Dieu nous auoit voulu referuer quelque
chofe pour noftre vtilité, encore qu'il ait chaftié
noftre defobeiffance par la guerre , n'ayant pas
voulu que nos ennemis s'en foient preualus,
comme nous ne laiffons pas de trauailler pour
nos enfans, quoy que débauchez & defobeiffans,
qui diffipent les biens acquis , & leur donnons
dequoy les empefcher de fe perdre , & de nous
faire affront par leur mauuaife vie, efperantqu'ils
s'amanderont.

Pourquoy Dieu, qui eft tout fage & tout miferi-
cordieux, s'il voit noftre repentance, né voudra-il
pas nous inciter à la gratitude par les trefors qu'il
nous a referuez? Dieu ne fait rien en vain, il fçait
ce qu'il nous faut, & voyant noftre obeiffance fi-
liale, il nous donnera fa benediction temporelle
& eternelle.

Or que perfonne ne s'eftonne que i'aye dit
qu'il y a quelque chofe de bon caché dans les fcories qu'on a iettées , alleguant que fi cela eftoit,
nos anceftres l'en auroient defia tiré : Ie refpons,
qu'encore qu'autresfois il ne s'en pût rien tirer
il ne s'enfuit pas qu'il en foit de mefme à prefent.
Car premierement les Fondeurs tant anciens que
modernes, fçauent que fouuent les fcories qu'on
a iettées ayant demeuré quelques années à l'air,
ont efté derechef empraintes par la vertu magne-
tique, & ont donné plus de metal qu'auparauant, furquoy les ignorans doiuent voir les liures qui traitent des foffiles. Or pour cette fepa-

ration on ne se sert pas d'vne inuention singulie-
re, mais de celle qui est vsitée en tous lieux.

Secondement, des scories de certains metaux
empraints des élemens, ou non, il se peut tirer,
par vne secrette voye, de l'or & de l'argent, quoy
qu'il n'y en eut pas auparauant. Mais tu me diras, comment se peut-il faire que dans la premiere fusion il ne se produise que des choses impar-
faites ; & que dans la seconde, à sçauoir des scories, il se produise de l'or & de l'argent ? A quoy
ie respons. Tous les metaux imparfaits contiennent en soy quelque chose de parfait, qui ne peut
pas estre tiré par la preuue des coupelles, s'ils ne
sont destruits & conuertis en scories, dequoy
nous auons parlé ailleurs : Car les metaux imparfaits ont beaucoup de souphre conbustible qui
empesche la suffisante purification d'iceux dans
l'examen des coupelles, mais qui brusle aussi ce
qu'il y a de bon, & le conuertit en lytharge, en-
trant dans la substance des coupelles. Or le reste
du metal qui n'a peu estre separé par le feu vehe-
ment de la premiere fusion estant conuerti en scories, a soustenu vne plus grande violence de feu
que celuy qui a esté separé la premiere fois : c'est
pourquoy il est plus purifié & plus proche de l'or
& de l'argent que le metal d'auec lequel il a esté
separé. Celuy donc qui sçaura fondre de nouueau
ces scories, principalement celles d'estain, auec
addition conuenable, sans doute il trouuera des
metaux meilleurs que ceux qui ont esté fondus
premierement par les Mineurs. Or ie ne voudrois
pas asseurer que le feu de foyer eut vne si grande
vertu de purifier & perfectionner les metaux.

La puiſſance du feu eſt grande pour la purification & perfection des metaux ; mais il eſt trop
violent pour les volatils : ſans doute il y a d'autres choſes qui peuuent ayder au feu, par la connoiſſance deſquelles nous pouuõs faire de grands
effets. Et d'autant qu'il a eſté dit cy-deſſus que
certains metaux ne pouuoient pas donner l'or &
l'argent qui eſtoient cachez en eux, s'ils n'eſtoiét
pluſtoſt deſtruits & reduits en ſcories ; il n'eſt pas
neceſſaire de deſtruire les metaux qui ſõt deſtinez
à leurs vſages, pour en tirer de l'or, veu qu'il s'en
trouue quantité de deſtruits & conuertis en ſcories, deſquelles on peut tirer aſſez d'or & d'argent pour le ſouſtien de la vie humaine. Entre
autres on fait eſtat de certaines ſcories d'eſtain à
cauſe de la quantité d'or : car quoy que tout eſtain
ſoit de nature d'or, celuy toutesfois que les Al-
lemands appellent *Saiſſen Zinn*, à cauſe du ſauon,
eſt doublement plein d'or ; premierement à cauſe de l'or qui luy a eſté donné de la nature ; ſecon-
dement à cauſe de celuy qu'il a receu accidentel-
lement, où communement on trouue de petits
grains d'or, leſquels ne pouuant pas eſtre ſeparez
par l'ablution, ſe meſlent auec l'eſtain dans la fonte, dequoy les Mineurs s'apperçoiuent quelquefois, mais ils ignorent la maniere de les ſeparer.
Il ſe trouue ſouuent de l'eſtain qui ſe vend 20. ou
24. richedales la liure, & qui contient en ſoy de
l'or qui vaut dauantage. Mais que faire, s'il ne
ſe peut ſeparer qu'auec dommage ? car par le
moyen du Saturne, ſelon la voye vulgaire, on ne
le ſçauroit ſeparer entierement, d'autant que la
plus grande partie s'en va en ſcories : & quand

mesme il ne s'en iroit pas en scories, les frais excederoient le prix de l'or qu'on voudroit separer par le Saturne. Cet aduis donné, i'espere qu'vn iour quelques-vns trouueront le secret, & ie les assisteray de tout mon pouuoir.

Ce qui a esté dit des scories d'estain doit estre entendu de celles de tous les autres metaux imparfaits, mais non pas qu'elles soient égales à posseder beaucoup d'or. Les scories de Mars qui ont soustenu vne grande violence du feu estant conuerties en verre verd ou bleu, (dont quelques-vns ont extrait de l'or auec l'eau royale, mais sans profit) sont preferables aux autres qui n'ont pas tant souffert de feu. Au reste il y en a qui asseurent que de telles scories se peut faire la vraye teinture, transmuant les metaux en or : à quoy ie ne dis rien, n'en ayant pas fait l'essay, comme i'ay fait du thresor caché dans le fer ; dont il n'est pas aisé de le tirer par la separation de l'antimoine susdite, ni par autres voyes, estant necessaire d'vn victorieux qui le despoüille. Ce vieillard de Saturne, quoy que mesprisable à voir, est souuerain dans le ciel, & plus beaucoup dans les metaux : sans luy on ne peut rien faire qui vaille. Or cette separation ne doit pas seulement estre en vsage touchant les scories, mais aussi touchant les metaux mesmes, si on les peut auoir à bon marché comme à present, à cause de la guerre, veu que par l'espace de trente ans on a apporté tant de ♀ & de ♃ dans les grandes villes à si bon marché, qu'il les a falu transporter ailleurs dans des vaisseaux. Que si alors quelqu'-vn eut sceu cette separation, n'eut-il pas pû s'en-

richir extrememement, en reseruant encore les metaux apres la separation faite, pour des cloches &
pour des Canons ? & par ce moyen vne grande
partie pouuoit demeurer dans le pays , dont on
les a emportez chez les estrangers auec dommage, faute d'entendre les choses metaliques. Mais
il n'est pas de merueille si on reüssit si peu dans la
Chymie, veu le peu de connoissance laquelle ne se
trouue pas dans les Academies, consistant en vne
profonde speculation , & continuel exercice. Les
Arts estoient autrefois plus honorez chez les Cal-
déens , Perses, Arabes, Egiptiens, qu'ils ne sont
à present parmy les Chrestiens ; ceux-là choisis-
soient des sages pour estre Rois & Magistrats. La
Chimie estoit sur tout en estime parmi les Egiptiens , & ils s'en seruoient auec tant d'auantage,
& estoient si riches , que l'Empereur Dioclerian
ne les pût iamais subiuguer , qu'il n'eut bruslé
tous leurs liures. L'estime qu'on faisoit ancien-
nement des Arts paroit assez par la pension qu'A-
lexandre donnoit tous les ans à Aristote, & par les
3000. compagnons qu'il luy donna pour trauailler à la recherche des secrets de la Nature. Maintenant les foux & les charlatans sont en estime,
d'où procedent tant de miseres. L'orgueil en est
la principale cause, beaucoup se persuadant
qu'ils seroient deshonorez , si leurs enfans
estoient éleuez dans les Arts honestes , se conten-
tant de leur patrimoine, lequel estant dissipé ou
perdu par accident, ils tombent dans la pauure-
té, sans auoir dequoy se substanter, dont il arriue
qu'il se commet infinies meschancetez : ce qui
ne seroit pas, si chacun vouloit trauailler & gai-

gner sa vie à la sueur de son front. Comme i'ay
tasché de t'en monstrer les moyens, quoy que
Dieu n'ait pas voulu que i'aye profité de tant de
secrets, ie suis pourtant satisfait de mes connois-
sances. Cependant i'espere de reuoir ma patrie
bien aimée, dans laquelle ie pourray trauailler
en paix & m'entretenir honestement. Lors ie
pourray faire des productions plus hardies : Car
i'ay resolu de composer vn liure tel qu'il ne s'en
soit iamais veu de pareil, tresvtile pour le soustien
de la vie humaine. Car comme vne femme grosse
ne souhaitte rien auec tant de passion, que de se
deliurer; de mesme ie souhaitte de donner le ta-
lent qui m'a esté confié pour le bien de mon prochain : Or rien ne me manque tant que le temps;
car pour le trauail & pour la dépense, il est aisé de
s'imaginer combien ils sont grands, veu que tout
est icy si cher. Ie le diray auec sincerité, que ie
me consume pour le seruice d'autruy. Si i'eusse
esté auare, i'eusse pû, par le moyen d'vn
secret, acquerir des richesses immenses. Mon ge-
nie n'a pû consentir que i'aye vsé de mes inuen-
tions, comme d'vn mestier mechanique, & que
i'aye imité l'Asne qui porte des sacs de tous cos-
tez : Mais i'ay voulu monter par degrez, & apres
vn secret, en descouurir d'autres ; ce que i'ay
tousiours fait sans considerer ni la peine ni la despense, pour la commodité de mon prochain,
& ie ne cesseray point iusqu'à ce que ie sois
paruenu au but desiré, esperant que les gens
de bien m'en sçauront bon gré, & mesprisant
les mocqueries des ignorans, & des Zoiles, qui
n'éuiteront pas la punition qui leur est deuë.

F I N.

www.ingramcontent.com/pod-product-compliance
Lightning Source LLC
LaVergne TN
LVHW010323030726
842520LV00004B/1238